浪花朵朵

草_的
自然课

[德] 玛丽恩·克劳森　[德] 卡特丽娜·特本霍夫　著

[德] 雷娜塔·斯利希　绘　李慧　译

海峡出版发行集团 | 海峡书局
THE STRAITS PUBLISHING & DIBLISHING GROUP

图书在版编目（ＣＩＰ）数据

草的自然课 /（德）玛丽恩·克劳森,（德）卡特丽娜·特本霍夫著;（德）雷娜塔·斯利希绘; 李慧译
. -- 福州 : 海峡书局 , 2022.1
ISBN 978-7-5567-0870-3

Ⅰ . ①草… Ⅱ . ①玛… ②卡… ③雷… ④李… Ⅲ . ①植物学—儿童读物 Ⅳ . ① Q94-49

中国版本图书馆 CIP 数据核字 (2021) 第 193239 号

Originally published as *Honiggras und Löwenzahn: Ein Sach- und Mitmachbuch rund um die Wiese*

©S. Fischer Verlag GmbH, Frankfurt am Main, 2016

First published in German by Patmos Verlag, Düsseldorf, 2004

本书中文简体版权归属于银杏树下（北京）图书有限责任公司

图字：13-2021-056 号

作　　者　［德］玛丽恩·克劳森,［德］卡特丽娜·特本霍夫　著;［德］雷娜塔·斯利希　绘
译　　者　李　慧
出 版 人　林　彬　　　　　　　　出版统筹　吴兴元
编辑统筹　冉华蓉　　　　　　　　责任编辑　廖飞琴　潘明劼
特约编辑　李兰兰　　　　　　　　装帧制造　墨白空间·唐志永
营销推广　ONEBOOK

草的自然课
CAO DE ZIRAN KE

出版发行	海峡书局	社　　址	福州市白马中路 15 号	
邮　　编	350001		海峡出版发行集团 2 楼	
印　　刷	天津图文方嘉印刷有限公司	开　　本	787 mm × 1092 mm　1/16	
印　　张	3.5	字　　数	55 千字	
版　　次	2022 年 1 月第 1 版	印　　次	2022 年 1 月第 1 次印刷	
书　　号	ISBN 978-7-5567-0870-3	定　　价	56.00 元	

读者服务：reader@hinabook.com 188-1142-1266
投稿服务：onebook@hinabook.com 133-6631-2326
直销服务：buy@hinabook.com 133-6657-3072
官方微博：@ 浪花朵朵童书

目录

植物画像

草地上的游戏和乐趣

草地是什么呢？

草地上生长着各种草，
也盛开着各种花。

草地是奶牛的"餐厅"，
也是我们玩耍的乐园。

草地上还有蜜蜂、蚂蚁、甲虫……
它们在草地上飞来飞去、
爬来爬去……
热闹极了。

草地是什么呢？
让我们一起去探索吧！

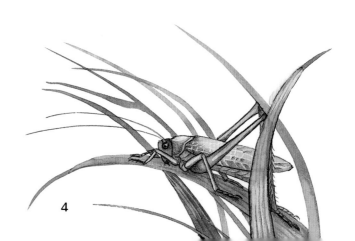

4

草地是什么？

　　如果你想找到一片真正的草地，可能得到很远的地方才行。在城市里，草地几乎都被建筑物占据了。等一下，也许你会问，公园或者学校操场里不是有草地吗？在公园、游乐场或者学校的操场里，你看见的一块块整齐的草地，我们通常把它们叫作草坪，它们往往只由一种草组成，像绿色的地毯一样，是供人们进行户外活动或者休息的地方。这样的草坪会被定期修剪，所以里面只生活着很少种类的动物和植物。

　　而在真正的草地上，生长着许多不同种类的野草和野花。它们有的紧贴着地面匍匐生长，有的舒展着身体迎着太阳开花。所有生物组成了一个生态系统，有许多小动物生活在里面。

　　草地给我们带来很多益处。从草地上割的草，晒干后就是牲畜冬天的食物。修剪对维持草地的状态也有一定的好处，假如没有定期修剪，一些树木就会迅速地从草地里长出来，挤占掉很多野草和野花的生存空间，使草地的面积缩小。你有没有见过长着树木的稀疏的草地，如果这些草地没有人管理，就会逐渐变成森林。

　　一些拥有草地的人，会为了省去艰辛的修剪工作而饲养牲畜：让奶牛或者绵羊啃食各种可口的草。于是，草地摇身一变，变成了牧场。

"地下室"的蚯蚓，"屋顶"上的蝴蝶

每片草地看起来都不一样。草地所处的位置——高山、荒漠、湿地——决定了那里生活着什么样的植物和动物，但是草地垂直的结构总是相同的。一片草地可以分为好多层，就像一栋楼房可以有好多层房子。生活在每个"楼层"的"草地居民"完美地满足了彼此的需求。

在最顶层，一片草地的"屋顶"上，你会发现各种各样的花朵。许多植物迎着太阳生长，在这一层开出色彩鲜艳的花朵。这些花朵会吸引蝴蝶、蜜蜂、熊蜂来吸食花蜜。鸟儿们会时不时地来这里看看，因为草地上的很多昆虫是它们喜爱的食物。

草地的"二楼"是绝大多数植物的茎和叶。蜘蛛可以在它们之间结网埋伏，等待猎物上钩——也许会有一只苍蝇、蚊子或者毛毛虫撞入网中。很多昆虫主要以植物或者其他昆虫为食，像蚜虫和臭虫就会在植物的茎叶上打洞，吸取植物的汁液食用。

在草地的"一楼"——也就是地面上——几乎没有一块空地。植物们一棵紧挨着一棵破土而出。绝大多数植物争相往高长，因为那儿有更多的阳光。覆盖在土地表面的主要是苔藓，它们是一种非常低矮的植物，喜欢阴湿的环境，在其他植物的阴影里也能生长得很好，所以它们喜欢草地的"一楼"。蜗牛在这儿寻找属于自己的"绿色食品"，灵巧的蚂蚁在我们肉眼看不见的"街道"上跑来跑去。叶子底下生活着一些怕光的昆虫，你有没有见过它们？青蛙、刺猬和甲虫也会在这里出没。

在"地下室"——也就是地面以下的泥土里——生长着植物的根。它们牢牢地扎在那里，从土壤中吸收水分和营养。这儿生活着很多蚯蚓，它们很喜欢在土里钻来钻去，这样土就会变得疏松，使植物生长得更好。蚯蚓是鼹鼠等动物的食物。鼹鼠生活在地下，它们会在那里挖掘隧道和洞穴，躲避天敌。

通过鼹鼠丘，你就能马上知道这片草地上有没有鼹鼠。鼹鼠在挖掘通道的时候，会把泥土抛到地面，慢慢地就堆积成了一个小土堆，这就是鼹鼠丘。

在放大镜下观察草地

懒洋洋地躺在草地上，看着天空，发呆做梦——这是再惬意不过的事情了。此外，草地很值得我们去研究一番，除了茂密的草地和充足的时间外，你还需要准备下面这些物品：

- 能把物体放大 10 倍或者更多倍的放大镜：有了它，你就能够仔细观察植物的局部和体积微小的动物，更好地识别它们的形状和颜色。

- 带放大镜的昆虫观察杯：这是一种透明的杯子，杯盖上嵌入了一个可以把物体放大 2—4 倍的放大镜，杯盖可以随时取下来。如果你成功地捉到一只体积比较小的昆虫，比如瓢虫，你就可以把它放入杯中，通过盖子上的放大镜仔细观察它。

- 刷子：用带着软毛的刷子，你可以轻柔地"敦促"小动物进入观察杯中，这样就不会伤害到它们。

- 小刀和剪刀：如果你想带走植株的某一个部位，最好用工具将其剪下来或者割下来，而不是把植株连根拔起来，这样植株还可以继续生长。

- 布袋或者篮子：用它们把你收集到的材料带回家中（为了保护环境，不要使用塑料袋哦）。

- 草地植物和草地动物的鉴别手册：手册里有草地上常见的植物和动物，仔细找找，就能知道你正在观察的是什么了。

- 笔记本、便签纸、铅笔以及其他用于记录的文具：记下你看到的植物和动物，你可以用文字或者图画的方式记录下它们的形状和颜色。

为了更好地观察草地上的生物，你最好找个比较干的地方，坐下或者趴下，然后仔细地看"你的"那片草地——也就是你选择观察的区域。观察得越久，你的发现就会越多。

草地上的植物长什么样子？它们的叶片和花朵是什么形状、什么颜色的？有些叶片看起来呈心形或蛋形；有些叶片生长在又短又细的茎秆上，有些叶片生长在茎秆的节上；有些植物茎秆的切面是圆形的，有些植物茎秆的切面是四边形的，还有些茎秆是有凹槽的；有些植物的叶子和茎秆上长满了细毛，有些植物的叶子和茎秆是光滑的。

最漂亮的当然是花朵。下面图片中是一些常见的植物的花序（花朵在花梗上的排列方式，是鉴定植物的一种依据）形状。

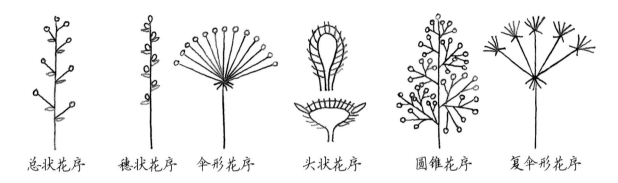

总状花序　　穗状花序　　伞形花序　　头状花序　　圆锥花序　　复伞形花序

你要留心观察一下生活在这里的小动物。在地上铺一块擦碗布大小的白布，耐心等一会儿，会有很多昆虫出现在上面，它们有的爬行，有的飞行，还有的会跳跃。你可以用放大镜观察它们。其实，石头和落叶下面也藏着很多昆虫。观察久了你会发现，有些昆虫只会飞向特定的花朵。

食蚜蝇　　蜜蜂　　叶蜂　　熊蜂

在一年中的不同时间去探访"你的"草地，每一次去，你都会有新的发现。在鉴别手册的帮助下，你会认识越来越多的植物和动物，变成一名"草地专家"。

给自然之友的建议

瓢虫

黄花九轮草

当你探索草地时，不要摘花不要拔草，只用眼睛观察就可以了，一定不要侵犯它们的生命！只有当你明确了自己的计划和需求的时候，才可以进行采摘。但是记得，每一次只从植株上取一点点材料，以便它们能够恢复生长。如果草地上有一种花特别漂亮，但是十分稀少，那你就放过它吧！

尤其重要的是，只能带走那些存活数量比较多的植物和动物！如果在草地上发现了濒临灭绝的植物和动物，你可以用拍照或者画画的方式记录下来好好观赏，而不是拔除或带走。怎么确定你需要的植物和动物有没有受到保护呢？参考鉴别手册是一个好办法。

如果你想带一些可以食用的植物回去吃，要注意：

阿尔泰贝母

线条红椿象

- 它们不是生长在街道、铁路轨道、垃圾场或者工厂附近的；
- 它们没有受到污染；
- 它们看起来健康茁壮。

如果你想要观察一些"草地小居民"，可以用研究装备里的软毛刷子去捕捉它们。要注意，不可以杀死或者弄伤它们。

观察应该在昆虫观察杯或者其他容器里进行。

观察过后，一定要把它们放回原来的地方，还它们自由。

最重要的是，你不能摧毁动物的巢穴（如蚂蚁洞、鸟巢，或者其他动物的地洞）！

欧白头翁

四裂红门兰

皿蛛

蜗牛

聪明的人最小心！

你在自然中探索美丽的野生草地时，为了安全，一定要采取一些防护措施。

蜱虫

在草地上长时间停留过后，一定要请人帮忙检查一下你的身上有没有蜱虫。蜱虫体形很小，靠吸食人类或其他恒温动物（指鸟类和哺乳类动物，它们体温调节机制比较完善，能在外界环境温度变化的情况下，保持自身体温的相对稳定）的血液为生。有些蜱虫携带的病毒，在进入人体的血液后，会对身体产生危害。蜱虫生活在草丛中，伺机寻找食物，如果发现了目标物，就会贴附在上面，寻找一个柔软的地方，用刺刺穿皮肤吸取血液。对蜱虫来说，找到一个合适的位置，往往要花上好几个钟头，这之后它们就开始吸血，吸过血的蜱虫身体会变得肿胀。

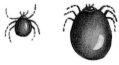

如果你在身上发现了一只蜱虫，应该及时清除它。去最近的医院请医生帮忙，或者去药房购买专业的工具自己处理。不用太过惊慌，被蜱虫叮咬后也不一定就会得病，但是如果被叮咬的地方变红或者发炎，为了保险起见，你还是应该去看一下医生。

多房棘球绦虫

这是一种在狐狸肠道中寄生和产卵的绦虫。虫卵会随着狐狸的粪便掉落在地面或者植物的叶子和浆果上。多房绦虫的虫卵非常微小，我们用肉眼根本看不到。如果吃了沾有虫卵的浆果或叶子，那么虫卵就有可能直接进入我们的身体，使我们生病。幸运的是，这样的事情很少发生。下面介绍一些方法，帮助我们在野外保护自己：

- 最好从高处摘取，而不是捡拾掉落在地上的浆果或植物。
- 凡是在野外采摘的东西，都要用温水彻底清洗干净。
- 外出归来后，用温水和肥皂好好洗手。
- 把浆果或叶子放入60℃以上的水中消毒，或者直接煮熟，这样可以有效杀死病菌。

各种草类是草地的宝藏

几乎在世界各地都能看到草，它们是奶牛、绵羊等家畜的饲料，这些家畜又供给人类肉、奶、羊毛、皮革。你知道吗？我们常吃的面条、米饭和玉米片都是用小麦、大米、玉米的种子加工成的，而这些作物最早都是由草培育而来的。你看，草是多么重要的植物啊！

草的茎几乎都是空心的。茎分若干段，各段之间都由很粗的节连接着。这样的结构让茎变得强韧，抗弯折，即使大风也不能把它们折断。有的茎只有半厘米粗，却能长到成年人那么高。草地上的植物，高度多在 20—120 厘米之间。

草地上植物的花大多是不显眼的圆锥花序和穗状花序，开花的时候，风一吹过，花粉就会被吹到很远的地方。遗憾的是，一些人对花粉过敏，他们会打喷嚏，眼睛发红，甚至患上过敏性鼻炎。

在植物开花的季节，草地上像飘着一条柔软的纱巾，如果这条纱巾上有一些玫瑰红色的点，那么这片草地上一定盛开着绒毛草。绒毛草的植株上覆盖着天鹅绒般柔软的毛。

在一些草地上，你或许会看到黄花茅。它们虽然没有绒毛草那么好看，却散发着像香猪殃殃一样宜人的气味。从前，人们会在鼻烟和饮料中加入黄花茅，它尤其适合做"花梦枕"（第 40 页）的填充物。

鸭茅

绒毛草

大看麦娘

大麦状雀麦

草地早熟禾

天气干燥的夏季，人们会割草。乍一看，美丽的花朵和各种草都躺倒在地上了，这场景多么令人悲伤啊。其实它们变成了草料，是为牲畜过冬储备的食物。割完草以后，会有一股清香味迅速钻到你的鼻子里——一种独特的夏日气息！

　　人们会把割完的草晒干，放进谷仓里储存。割草的时候，人们不会伤到草的根部，所以这些草会迅速恢复生长，草地很快又会变得和原来一样。

　　割草的时候，大大小小的"草地居民"都会受到严重的伤害，甚至会死掉。因此，热爱动物的草地主人会一直等到动物们——比如在地面筑巢的鸟类——的下一代长大了再去割草。割草会在一个比较长的时间段里分区域地进行，这样动物们就可以在草地之间"搬迁"，从而避免受到伤害。

草甸羊茅

燕麦草

黄花茅

倾听草地！

平躺在草地中央，完全放松。闭上眼睛，凝神静听各种声音：也许是一阵微风拂动草叶的轻摆声，也许是一阵簌簌的响动——会不会是一只老鼠或者穴兔刚好跑过时发出的声音？

当普通鵟在草地上空盘旋着寻找食物的时候，你会听到它的鸣叫声，有点像是猫咪在"喵嗷——喵嗷——"地叫。它是一种猛禽，视力极好，在很高的空中就能看到在地上奔跑的小老鼠，然后飞快地俯冲下来把老鼠捕获。

凤头麦鸡

运气好的话，你还能听到其他鸟类的叫声，比如云雀或者凤头麦鸡。这两种鸟就生活在草地上，甚至直接在草地上孵蛋。云雀吟唱的是一种悠长婉转的旋律，而凤头麦鸡则会大声地呼叫"唧——唧——"。

在网上搜索"鸟叫声"，你会找到多种鸟类的叫声音频。

但是草地夏日音乐会真正的主唱是蟋蟀和蝗虫。从太阳升起到夜色降临，它们的歌唱从不停歇。毫无疑问，这些蹦蹦跳跳的小动物并不会玩乐器，那么它们是怎样发出各种声音的？

云雀

雄性蝗虫的后腿内侧有一排细齿，它们用这些细齿快速反复摩擦翅膀坚硬的边缘，同时不停地振动翅膀，就会发出"啾啾"的声音。昆虫的种类不同，"歌唱"的方式也不同。

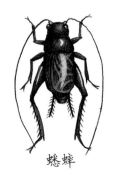

蟋蟀

雄性蟋蟀两只翅膀内侧的表面十分粗糙，快速摩擦会发出一种独特的声音。它们为什么要这么做呢？答案十分简单：为了吸引异性。

白天，有很多昆虫会躲在洞穴里睡大觉；
到了晚上，它们就精神了。

它们迫不及待地从洞穴里跳出来，
伸展着睡僵了的身体，
欢快地唱着曲子。

不信，你仔细听。

普通鵟

蝗虫

云雀的蛋

植物画像

蒲公英

生长地点： 几乎遍地都是
高度： 10—30 厘米
花色与花期： 黄色；4—6 月，秋季也会有零
星的花朵开放
采摘： 花朵；春天长出的新鲜叶片，如
果是当年新生的植株，叶子几乎
全年可摘；9 月或 10 月的蒲公
英的根部。

蒲公英的叶片长长的，边缘呈齿状，它们和花茎一样，都是从根部直接长出来的。这种植物非常好辨认——它的花朵不仅好看，而且外形独特。蒲公英的花朵就像小小的太阳，慢慢会变成毛茸茸的球，微风吹过，变成一个个小降落伞散落开来。

蒲公英的花茎中含有白色的乳汁，这是它的一个特点。乳汁味道发苦，没有毒。

蒲公英有很多名字：黄花地丁、婆婆丁、灯笼草、姑姑英。蒲公英的拉丁文是"塔拉克撒库姆"（*Taraxacum*）——听上去像不像一句咒语？蒲公英可以用来泡茶，也可以作为药材使用。在德国，有一句古老的民间谚语：春天吃下头三朵（蒲公英花），一年疾病都能躲！

钩粉蝶

16

有些市场会把蒲公英叶作为蔬菜售卖。新鲜的蒲公英叶富含维生素和其他重要的营养元素。蒲公英叶可以做成沙拉或汤，也可以像其他蔬菜一样炒制或蒸煮。法国人经常食用蒲公英。蒲公英的法语写作"Pissenlit"，意思是"在床上撒尿"。这个名字暗示了它有利尿的功效，也就是说，当人们吃完蒲公英后，会止不住地往厕所跑。

如果你不是很喜欢叶子做成菜肴后微苦的口感，也可以试试下面这款酸甜可口的蒲公英柠檬果冻。

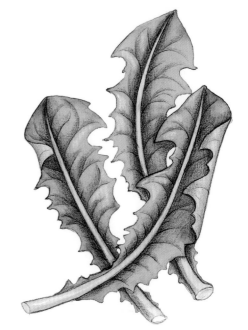

蒲公英柠檬果冻

你需要：
- 一篮子蒲公英花　·两颗大柠檬　·1 颗甜橙
- 1 升水　·凝胶糖　·干净的、带盖子的空瓶子

1. 找一口较大的锅，把洗过的蒲公英花倒入锅中。把带皮的柠檬和甜橙切片放入锅中。
2. 加入 1 升水，开小火煮大约 20 分钟。
3. 用细筛把锅中的杂质捞出，只留下煮好的水。
4. 根据锅中水的量，按照凝胶糖包装上的说明，准备适量的凝胶糖。
5. 把凝胶糖放入锅中，开火熬煮 5 分钟，期间要不断搅拌，避免煳锅！
6. 把步骤 5 的成品倒入空瓶中密封保存，直到凝固，蒲公英柠檬果冻就制作完成了。

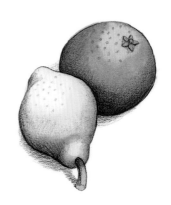

短柄野芝麻

生长地点：	草地中的果树附近，草地边缘
高度：	20—50 厘米
花色与花期：	白色；6—9 月
采摘：	3—5 月开花前的嫩叶，花朵

乍一看，短柄野芝麻和荨麻长得很像。但仔细观察你会发现，短柄野芝麻茎上覆盖的茸毛很柔软，没有荨麻茎上的毛那么扎手。它们的花朵也不一样。事实上，它们是完全不同的植物，短柄野芝麻是唇形科的植物，而荨麻是荨麻科的植物。

短柄野芝麻的花朵有两片花瓣，分为上花瓣和下花瓣，上面的花瓣很像嘴唇，厚厚的，保护着里面的花蕊，避免它被雨淋到。花朵里面装满了美味可口的花蜜。

凭借着长长的口器，熊蜂成为唯一能够从花朵上方吸食到美味花蜜的昆虫。不过蜜蜂也不会轻易认输，它们直接刺破花朵的底部吸食花蜜。仔细观察花朵，看看你能不能找到花瓣上被钻出来的小孔。

如果你一大早就出门，也许还有机会赶在熊蜂和蜜蜂吸干花蜜之前，亲自品尝这美味的"玉液琼浆"，赶紧摘下几朵白花，把它们吸个一干二净吧！

熊蜂

短柄野芝麻和荨麻的嫩叶都可以食用，做法和菠菜相同。如果你在路边看到它们，摘回去试着做成菜，尝一尝它们的味道。当然了，最好能有人帮你辨认一下，不要摘错了。让你的爸爸妈妈一起帮你烹调吧。

野芝麻　　荨麻

精灵的金鞋

所有的草地精灵都爱跳舞。跳舞的时候，它们会穿着精美的金色舞鞋，跳完后，它们会把鞋子藏进蚯蚓的洞中，以防被老鼠偷走。但是有一次，一只狡猾的老鼠在一旁看到了这一切。

精灵们刚走，老鼠们就从蚯蚓洞中偷走了藏着的鞋子。老鼠们费了好大劲，把鞋子套在自己的脚上，学着精灵开始跳舞，它们跳得跌跌撞撞、踉踉跄跄，一点儿也不像精灵那样轻盈灵巧，于是那些柔软的舞鞋很快就坏掉了。

为了避免这样的事情再次发生，精灵们决定换一个地方藏鞋。经过漫长的寻找，它们终于找到了一个更好、更安全的地方。从此以后，跳完舞的精灵们，就小心翼翼地把金鞋藏在短柄野芝麻的花朵里。老鼠们再也找不到金色舞鞋了！你不相信吗？那就找一棵短柄野芝麻吧，从顶端看下去，你会看到一双小巧精致的"金色舞鞋"，它就是草地精灵的金色舞鞋！

独活

生长地点： 潮湿的草地

高度： 80—180 厘米

花色与花期： 白色；6—10 月

采摘： 5 月的叶片，6 月的茎干，9
月的种子

独活的茎干直直地挺立着，似乎有风吹过也不会动摇，天生的一股倔强劲儿，所以被叫作独活。茎干上覆盖着稀疏的柔毛。叶片有很深的裂痕。花是白色的，许多小花聚集在一起生长，形成伞形花序。独活的根是一种中药，可以治疗风湿头痛等病症。

独活可以长很高。它的茎中空而且有节。过去，生活在德国的穷人用独活的茎来酿造啤酒。独活的嫩叶是家兔最喜欢吃的食物之一。

独活之星

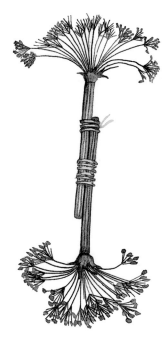

你需要：
- 独活的干花（至少 8 支），要保留茎部
- 金色或银色的丝线

秋季，大约 10 月底的时候，独活就只剩下一些干枯的花朵立在枝头了。小心地摘下一些外形完整的花朵，记得要保留大约 10 厘米长的茎。你需要至少 8 支干花来制作独活之星。不过，由于干花容易碎，为了保险，你还是多摘一些花比较好。

1. 把 2 支独活的干花分别朝向两边摆放，像图片上那样，然后用丝线把茎干绑在一起。按照这种方法再绑 3 个这样的花枝。
2. 把绑好的花枝摆成下图中的形状，用十字形的绕线方式把中间部分绑牢。

把你制作的"小星星"挂在窗户或者墙上来装饰你的房间吧。

翼蓟

生长地点： 光照充足且干旱的草地，垃圾堆
高度： 60—130 厘米
花色与花期： 紫红色；6—10 月
采摘： 闭合的花苞

翼蓟叶片上有很尖的刺，如果你不留神碰到的话，会被它毫不留情地刺痛。翼蓟在欧洲十分常见，在中国只有在新疆才能看到。你见过蓟吗？蓟在中国有着很广泛的分布，它是翼蓟的近亲，同是蓟属的植物，都开紫色的花。

蝴蝶非常喜欢从翼蓟美丽的花朵里采食美味的花蜜。如果你想观察小红蛱蝶一类的蝴蝶，不妨去正在开花的翼蓟那里碰碰运气。

小红蛱蝶幼虫

小红蛱蝶

翼蓟沙拉

你需要：
采摘工具：·一个盆或者一个小篮子 ·一把长柄剪刀
食材和调料：·翼蓟花苞 ·半块黄油 ·一勺盐（放入烧
　　　　　　开的水中） ·少许盐和胡椒（用来给沙拉调味）

用一把长柄剪刀，小心剪下还没有开放的翼蓟花苞，你可以用盆或者篮子在底下接着，这样可以避免被植物刺伤。

回到家中，用冷水把花苞彻底清洗干净，然后倒入烧开的盐水中，转小火煮大约 20 分钟。尝一下，如果花苞变软了，就可以盛出来装盘了，最后撒上切碎的黄油、盐和胡椒，一道美味的翼蓟沙拉就做好了。

绿豹蛱蝶

贯叶连翘

生长地：　　　光照充足且干旱的草地
高度：　　　　80—100 厘米
花色与花期：　黄色；6—8 月
采摘：　　　　6 月底正在开花的植株

仔细观察贯叶连翘的花朵，像不像一轮小太阳？花朵中丝丝的花蕊像不像一缕缕的阳光？也难怪它会在夏季而且是白天最长的时候开花！通过下面的方法，你可以把阳光给予这些花朵的能量，转化成一种具有疗愈功效的神奇的红色药油。

红色药油（圣约翰草油）

在天气晴朗的夏至上午，带一个可以封口的玻璃瓶，摘一整瓶贯叶连翘的花朵。记得只挑干净、完整的花朵。回到家中，往瓶内倒入葵花油或橄榄油，直到所有的花朵都被油浸透。把瓶子密封好，放在向阳的窗台上。几天后，油就会慢慢变成红色。在这期间，你可以时不时地摇晃玻璃瓶，好让颜色变得均匀。4 周以后，用细筛过滤鲜红色药油，并倒入深色的瓶中保存。

你可以用它来擦拭身体上受了烧伤、擦伤、挫伤等各种损伤的部位，如果你的腿抽筋了，也可以使用它。它还是一种很好的护肤品！不过注意，它会让你的皮肤变得对光线十分敏感，所以千万不要在进行日光浴前使用。

牛至

生长地点： 草地；光照充足，温暖干旱的土地
高度： 20—50 厘米
花色与花期： 紫色；6—9 月
采摘： 5 月开花前的叶子，6 月开花的植株

用手指揉搓一片牛至的叶子，然后把鼻子凑近了闻一闻，那种气味会让你想到比萨！经典的比萨配料中就有牛至。你可以用新鲜或晒干的牛至做番茄酱的配料。它是我们"草地什锦调料"（详见第 43 页）中的"一员"。

牛至也是我们在第 40 页介绍的"花梦枕"的必备填充物。从前的人们坚信，它可以赶走邪恶的思想，带来生活的勇气。因此直到今天，在欧洲的某些地区，它还被叫作"好心情"。过去的人们甚至相信，牛至能够驱逐恶灵。我们在下面的故事里就提到了这件事。

斑貉灰蝶

红灰蝶

普蓝眼灰蝶

小姑娘和魔鬼

从前有一对夫妻，他们有一个非常聪明的女儿。但是这对夫妻非常贫穷，没钱送女儿去学校，只能亲自教授她知识和技能。

森林里住着一位老婆婆，听说了这个聪明的小姑娘。有一天，老婆婆出现在这户贫穷人家的小屋里，想要收他们的女儿做学生，教她关于草药的知识。小姑娘的父母非常高兴，让老婆婆把自己的女儿带走了。

但是在老婆婆森林深处的房子里，小姑娘过得并不好。她听不到关爱的话语，听不到笑声，也听不到歌谣。不久她发现，老婆婆其实是一个邪恶的女巫。从此以后，小姑娘就越来越害怕老婆婆了。

有一天，老婆婆把小姑娘叫到自己的身边，告诉她，她聪明伶俐，学东西很快，不久会有一个大魔术师来见她，在这之前，她可以回家探望一下父母。

小姑娘非常害怕，因为她知道，老婆婆口中的"魔术师"就是魔鬼。回到家中，她带着绝望的心情，哭泣着向父母讲述了这件事情。

她的父母商量该怎么救自己的女儿。母亲知道牛至能够驱赶恶灵和魔鬼，于是她给女儿连衣裙的口袋里塞满了牛至，还在她的头发里藏了一棵。

小姑娘回到了女巫的房子里，不多久，她就听到了低沉的嘟囔声。魔鬼已经站在门槛上了。他先是贪婪地看着小姑娘，然后用鼻子嗅了嗅空气，就开始不断地打喷嚏。魔鬼十分愤怒地吼道：

牛至，牛至，
假如我知道你在，
我才不会过来！

魔鬼转身消失了，只留下一团硫磺味的烟雾。小姑娘飞快地跑回家中，再也没有回女巫的房子。

后来，小姑娘救治了很多病人，成了非常有名的草药师。

车前

生长地点： 长叶车前和大车前在草地上都十分常见，
几乎遍地都是

高度： 长叶车前约50厘米，大车前10—30厘米

花色与花期： 长叶车前的花是黄白色的，偶尔也有淡
紫色的，4—9月开花；大车前的花是浅
棕色的，6—10月开花

长叶车前和大车前这两个"兄弟"是很常见的"平凡植物"，但是它们一点都不平凡，比如在德语中，车前叫作"Wegerich"，而这个单词在古日耳曼语（在古代德国使用的一种语言）中的意思是"国王的路"，可见车前在人们心中不平凡的地位。这两种车前都有非常悠久的药用历史。从前，有些地方的人们会使用长叶车前来自制具有止咳功效的"地洞糖浆"：找一个大的容器，先放一层长叶车前的叶子，再放一层白糖，重复这个过程，直到容器被装满，然后用布封好口并绑紧，压上石头，埋入地洞中，3个月以后取出容器，把里边的液体倒入锅中煮开，再倒入深色的瓶中保存。

直到今天，人们依然可以在药店里买到有长叶车前成分的止咳药，不过它们可不再产自地洞啦！

如果你的脚因为穿新鞋而磨出了水泡，可以摘一片大车前的叶子，把它揉碎敷在水泡上，然后再取一片叶子，覆盖在上面，小心地穿上袜子，慢慢地水泡就消去了。你也可以用同样的方法来处理蚊子叮的包。

金堇蛱蝶

长叶车前

大车前

26

北美洲的原住民印第安人把车前叫作"白人的脚印"，因为它是跟着欧洲移民（1492 年，欧洲人发现并大量移居到北美州）的鞋底，漂洋过海抵达北美洲的。现在车前在北美洲有着非常广泛的分布。

车前团子

你需要：
- 3—4 把鲜嫩的长叶车前叶
- 7 块干面包或者一根放干的法式长棍面包　·1 升牛奶
- 1 颗洋葱　·3 颗鸡蛋　·面粉
- 1 勺橄榄油　·盐、胡椒、肉豆蔻　·黄油

把干面包切成小块，然后浸泡在牛奶里。把洗净的长叶车前叶切成碎末。把洋葱切成小块，用橄榄油炒至半透明。把盛着盐水的大锅放到炉子上加热。把浸过牛奶的面包块、鸡蛋、面粉、炒制过的洋葱和车前叶混匀，揉捏成大小均匀的几个面团（用手揉面效果最好）。面团不能太湿，可以根据情况调节面粉的量。和面时记得加入盐、胡椒和肉豆蔻调味。把捏好的面团放入烧开的水中，用小火煮 15 分钟。

把团子盛出装盘，淋上融化后的黄油，就可以享用了！祝你用餐愉快！

旋果蚊子草

生长地点:	潮湿的草地或水边
高度:	约 150 厘米
花色与花期:	乳白色,香气浓烈;6—9 月
采摘:	开花的植株

旋果蚊子草的德语是"Mädesüß",意思是"让蜂蜜酒变甜(Met süßen)"。也许是因为它最早的用途是给日耳曼人(欧洲古老的民族之一)的蜂蜜酒(也叫 Met)调味。你不妨摘下一些花朵,放入由水和苹果汁调制的儿童版夏日波列酒(在白葡萄酒中加入芳香水果、药草等混合而成的冷饮)中浸泡一会儿,尝一尝它的味道。

法国人把旋果蚊子草叫作"Reine des Prés",意思是"草地皇后"。盛夏时节,花序在微风的拂动下微微晃动,那样子多么高雅。仔细观察,它的叶片很像羽毛。

旋果蚊子草的气味十分独特,散发着苦杏仁味的芳香:甜味夹杂着苦涩,还有点酸,也许你恰好会爱上这种味儿,时不时就想再闻一闻呢。如果你喜欢这种味儿,在你的"花梦枕"(第 40 页)中加入一些旋果蚊子草的花朵吧。在古代的欧洲,人们会把旋果蚊子草的花撒在清扫过的地面上,使屋内充满花的清香味。

黄缘蛱蝶

在你自己的房间里放上一束开着花的旋果蚊子草吧！

旋果蚊子草中含有止痛和治疗风湿的成分。把它的
叶子和花朵晒干泡茶喝，可以帮助发烧的人退烧。

"草地皇后"牌好梦粉

你需要：
- 一些旋果蚊子草的花 • 一些薯的叶子和花
- 一套研钵 • 一个漂亮的小玻璃瓶或罐子

把你准备的花朵和叶子放在阴凉的地方，让它自然风干。
把坚硬、有筋的部分去除，然后用研钵把它们研磨成粉末。
"草地皇后"牌好梦粉就做好了，把它们装进好看的玻璃瓶或
罐子中保存吧！

把好梦粉撒到手绢上，攥着它入睡，你会做个好梦的。
如果你想给喜欢的人写一封重要的信，那就撒一些好梦粉在
信封里吧。

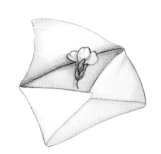

酸模

生长地点：　山坡、路边等，分布范围十分广泛

高度：　　　约 30 厘米

花色与花期：圆锥花序，花朵红色，不显眼；5
　　　　　　月或 6 月

采摘：　　　6—9 月的嫩叶

酸模很好辨认，它的叶子长在茎的底部，每片叶子的顶端都是尖尖的，基部分裂成两个小裂片，小裂片的尾部也是尖尖的，像箭一样。

酸模的叶子和茎尝起来酸酸的，非常可口，所以有些人会用它做凉菜或者煮汤。

红灰蝶

蜗牛

酸模汤

你需要：

- 一把酸模　·两颗洋葱
- 一升蔬菜肉汤　·两勺橄榄油
- 一杯甜奶油　·面粉　·盐和胡椒

把你采摘或者买来的酸模叶子摘下。材料备齐之后，先把洋葱切成薄薄的洋葱圈。在锅中加入橄榄油并开小火加热，把洋葱圈煎到透明，把酸模叶放入锅中，稍微煎一下，撒上些面粉，轻轻搅拌。然后把蔬菜肉汤倒入锅中煮几分钟，加入盐和胡椒调味。关火，在锅中加入奶油并轻轻搅拌均匀。美味的酸模汤就做好了。

斑蛾

可怜的小草

一棵酸模草，
长在铁轨间。
每一列飞驰的火车，
都让它把腰杆绷得笔直，
目送着来往的旅客。

酸模草尘满身、烟满身，
它病了，失去了希望。
它是棵可怜的小草，
虽然身子十分弱小，
可有眼睛、有耳朵、有心灵。

它看着火车来了又去了，
它看着铁轨一根连着一根。
它看着旅客的悲伤和欢笑，
却一生没有见过游轮。
啊，可怜的酸模草！

约阿希姆·林格纳茨（Joachim Ringelnatz）

31

野胡萝卜

生长地点：　　大部分草地，比较常见
高度：　　　　50—100 厘米
花色与花期：　白色；5—7 月
采摘：　　　　夏季的花朵，冬季的根

野胡萝卜是胡萝卜的近亲。在指尖摩擦它那形状精致的叶子，然后凑近去闻，你会闻到胡萝卜的香气。

小心地拔出一根野胡萝卜，你会发现，它和白萝卜像极了，它们的味道闻起来也一样。生活在很久很久以前的孩子们很爱野胡萝卜，对他们来说，野胡萝卜可是上好的"口香糖"。

仔细观察野胡萝卜的花。你看到了吗？花梗上的每一朵小花聚集生长在一起，共同组成一个小的伞形花序，几个小的伞形花序又共同组成一个大的伞形花序。小花们聚集在一起，比它们"单打独斗"更能引起昆虫的注意。

草地上有很多植物，比如峨参，它和野胡萝卜都是伞形科的植物。伞形科的植物都很相像，有空心的茎和形状精致的叶子。即便如此，野胡萝卜依然十分好认，因为它有独一无二的特征：位于伞形花序中央的唯一一朵暗红色的小花。

花序中所有的小花凋谢之后，野胡萝卜的花梗会像士兵集结一样朝着中心聚拢，而后逐渐干枯，形成外部带着许多小钩子和小毛刷的团状果实，看上去像鸟巢一样。果实会紧紧抓住路过的动物的皮毛，在跟随它前往远方的路上掉落，于是在草地的某一处，又会长出新的野胡萝卜。

金凤蝶

胡萝卜锈蝇

金凤蝶毛毛虫

草甸碎米荠

生长地点： 潮湿的草地
高度： 15—45 厘米
花色与花期： 淡紫色；4—6 月
采摘： 4 月开放的花朵

红襟粉蝶

尖胸沫蝉

春天在户外散步的时候，你也许会看到一片绿色的草地，被一层若隐若现的"纱巾"覆盖着，成千上万的紫色斑点"漂浮"在绿色之上——这些斑点就是草甸碎米荠的花。再走近些，仔细观察你会发现，每朵花有 4 片花瓣，呈十字形，一朵朵花共同组成了一个松散的总状花序。草甸碎米荠是十字花科的植物。

放心大胆地摘几片花瓣下来，放在嘴里——浓郁辛辣的味道很可能会让你大吃一惊：它们尝起来居然像芥末！事实上，草甸碎米荠和芥末含有相同的成分，这种成分能使植物变得辛辣。

红襟粉蝶把草甸碎米荠视为重要的营养来源，尤其是雄蝶。红襟粉蝶的翅膀有红色和黄色，非常美丽。而尖胸沫蝉——一种类似甲壳虫的昆虫，会在草甸碎米荠的茎秆上栖息产卵。尖胸沫蝉用自己的唾液包裹住虫卵，虫卵可以在里面安静地吸食茎秆中的汁液而不受干扰地成长。

蓍

生长地点：	比较干旱的草地或路边
高度：	20—60 厘米
花色与花期：	白色或粉色；6—10 月
采摘：	3—5 月的嫩叶，6—9 月开花的植株

蓍的德语是"Schafgarbe"，在古代德语中是"让绵羊健康"的意思。因为牧羊人发现，绵羊会在生病的时候大量啃食这种草。

对人类来说，蓍几乎是万能灵药。它可以治疗食欲不振、发烧、炎症、肚子疼、失眠和皮肤病等。在以前，人们还用蓍治疗过瘟疫。

蓍的花朵散发着一股芳香的味道，并且给人温暖的感觉，闻上去就像置身于夏日的草地。仔细观察蓍的叶子，你会发现它有许多小叶片，而且紧密地生长在一起，因此它又叫"千叶蓍"。摘下一根长满叶子的枝条轻轻拂过脸颊，你会感受到毛茸茸、但坚硬而又粗糙的质感。

据说这种植物可以让你做个美梦：在入睡前把叶子放在眼睑上，就会做个非常美好的梦。不管这是真的还是假的，都值得试一试啊！

金花虫

萤叶甲　　黄波翅青尺蛾

三叶草

生长地点：　　　　几乎所有草地
高度：　　　　　　5—20 厘米
花色与花期：　　　红色或白色；5—9 月
采摘：　　　　　　5—9 月的花朵

白花三叶草

红点豆粉蝶毛毛虫

你知道三叶草中的幸运草吗？它有 4 片叶子，据说能为发现它的人带来好运！幸运草很少出现，因为通常而言，这种植物只有 3 片叶子。它的拉丁名 (Trifolium) 就是"3 片叶子"的意思。世界上有 250 种三叶草。我们在草地上常见的是红花三叶草和白花三叶草，它们因为花朵的颜色而得名。

据传说，在中世纪的法国布列塔尼半岛上有这样一个习俗：勇士们会在摔跤比赛的前夜，趁着月光，用牙齿咬住一棵有 4 片叶子的三叶草，然后用力把它拔下来，这样就能确保自己在比赛中获得胜利。唉，只好说，祝勇士们玩得开心……

红花三叶草的花序圆圆的，口感很细腻，有坚果的味道。在蔬菜沙拉中加一些红花三叶草的花朵，不仅能够增添色彩，还能增加风味。蜜蜂非常喜欢吸食红花三叶草的花蜜。你尝过吗？它的味道细腻又浓郁。

野兔和家兔很喜欢吃三叶草，所以有些地方把三叶草叫作"兔子面包"。对于奶牛和马，三叶草也是非常有价值的饲料植物。

德国诗人把三叶草看作是新鲜活力、春意盎然的象征，经常在自己的诗中赞美它。

还有一个流传在德国的民间传说：想要变得更漂亮吗？那就在 5 月 1 日的清晨，去沾满露水的三叶草丛中"沐浴"吧。

红花三叶草　　　庭院发丽金龟　　象鼻虫　　　　红点豆粉蝶

雏菊

生长地点：	各种草地，较常见
高度：	5—10 厘米
花朵与花期：	花瓣十分细小，白色，尖端为红色；
	3—9 月
采摘：	叶子、花

长满雏菊的草地令人赏心悦目。3 月，雏菊率先盛开，向我们预示着春天的到来。

雏菊的德语名字是"Gänseblümchen"，意思是鹅的小花，因为草地上的鹅喜欢吃它的花朵。在英国，雏菊被叫作"白天的眼睛"（Day's eye），或者干脆就合写作"黛西"（Daisy），国外好多女孩子的名字就取自这里。之所以叫"白天的眼睛"，是因为雏菊只在晴朗的白天开放，雨天或者夜晚，它就会闭合起来。

由于人们非常喜欢雏菊，所以园艺家又培育出了花朵或者叶片很大的品种供人们欣赏。

把这些花朵或者叶片很大的雏菊种子播撒在花园中，你会得到意外之喜：第二年，这些培育出的品种又会长成和原来一样的普通雏菊。

好心情茶

用雏菊的花泡制的茶，能够有效缓解因为情绪激动引起的腹痛或者失眠。你可以把一些新鲜的花朵切碎，或者取一些干花，把它们放入杯中，用开水冲泡。10 分钟之后，就可以享用属于你自己的这杯"好心情茶"了。

欧洲蛞蝓

草地上的游戏和乐趣

画框中的自然

有些艺术家会在广阔的自然中寻找素材进行创作。比方说用岩石垒砌或者用树枝搭建一个独特的造型。

我们在草地上寻找艺术素材，还能训练自己探索与发现各种事物的敏锐度。

你需要：

• 毫无疑问，一片草地！
• 4 根尽可能直而且长的树枝
• 结实的细绳

1. 按照图中那样，把 4 根树枝绑在一起，做成一个画框。
2. 然后像艺术家一样，把画框举在自己的面前，低头透过画框去看草地，寻找自己喜欢的画框中的景色。
3. 当你找到了心仪的景色后，小心地把画框放在地上。你可以随时调整或更改用画框框住的"画"。你可以在其中加入花朵、树枝、草、蜗牛壳等，把它们摆成你喜欢的形状。比如用树枝摆成一个箭头，指向有趣的事物，等等。
4. 把你的作品用手机或者相机拍下来分享给好朋友吧。欣赏完后，你可以把画框拆掉，如果可以把它留在那里就更好了，也许未来会有人看到你的这幅"画"，并为它增添一些别的东西，使"画"的内容变得更丰富多彩……如果你有时间的话，过几天再来看看这幅"画"吧，看看它有什么变化。

闭眼睁眼——草地摄影

你需要一个伙伴来一起玩这个游戏：一个人扮演"摄影师"，另一个人扮演"照相机"。

摄影师先穿越草地，搜寻一些想要拍摄的物品或者景色，可以是草茎上的一只甲虫（近景），也可以是一片广阔的蒲公英花海（远景）。拍摄的角度也很多，除了正面拍摄，也可以从高处俯拍，比如俯拍一片苔藓；也可以躺倒，从下面仰拍草地。

摄影师选定了要拍摄的景色后，可以把扮演照相机的伙伴领到特定的位置。这里需要注意了，"照相机"必须一直保持双眼紧闭。

接下来可以进行"拍摄"了。摄影师轻轻拽同伴的耳垂，表示按下快门，"照相机"有4秒的时间可以睁开眼睛工作。摄影师可以在一旁轻声数数计时。时间到了，摄影师再轻轻拽一下同伴的耳垂，表示拍摄结束，这时候，"照相机"要马上把眼睛闭起来。

完成拍摄后，两人找一个地方坐下来，扮演照相机的伙伴描述他刚才看到了什么，是不是摄影师想要拍摄的景色。两人可以把角色调换再玩这个游戏。

你比划我猜——植物猜谜

这个游戏非常适合在草地上进行。你需要至少3个伙伴。当然，参与的人数越多越好。

有很多植物的名字或者是花朵的形状都非常有特点，很适合猜谜。两人一组，从下面的列表中（你也可以自己找其他的植物）挑选一种植物，在一旁商量一下，该用什么方式进行演示。

然后让另外一个小伙伴来猜是哪种植物。猜出来的小伙伴举手示意并说出答案。如果答案是正确的，猜中的这个小伙伴可以挑选另一个伙伴和自己一起进行演示，让其他人来猜。

建议：为避免游戏过难，大家最好都看一下下面列表中的植物，对这些植物有一个印象。即使不认识其中的一些也没关系。请充分利用你们手中的的植物鉴别手册！当然了，你们也可以选一些自己熟悉的植物来列表猜谜。

"你比划我猜"的植物列表：

向日葵	雏菊
蒲公英	三叶草
牵牛花	麦冬
薰衣草	马蹄金
白头翁	老鹳草
结缕草	狗尾草

花梦枕
　　——为你带来香甜美梦

　　入睡前枕着散发淡淡香气的枕头，一定会做个香甜的美梦。做一个这样的枕头，作为礼物送给你的小伙伴，应该是个不错的选择。

你需要：
* 一块漂亮的布（大约 50 厘米 × 70 厘米）
* 线
* 商店购买的枕头填充物
* 一些植物的花朵（大约 3 把），建议选择下面的这些植物：
　旋果蚊子草、洋甘菊、牛至、蓍、贯叶连翘、黄花茅

1. 把布缝成一个大约 20 厘米 × 30 厘米的枕套，留 1 个开口，方便填充物料。如果你不知道怎么制作枕套，可以问一下你的家人或者好朋友，请他们帮助你缝制枕套。
2. 把在商店购置的填充物放入枕套，做成柔软的枕头。
3. 把各种花朵放入填充物之间。
4. 把枕套的开口缝起来。

洋甘菊

　　把鼻子凑近你刚刚做好的花梦枕吧，你会闻到花朵、草地和夏日的淡淡香气……
　　如果用了一段时间以后，枕头的香气变淡了，你可以把枕套拆开，重新更换一些新鲜的花朵。

草地花朵沐浴盐

冬季，外面又冷又黑，你可以用夏季准备好的草地花朵沐浴盐，为自己的浴缸增添一点点夏日阳光的暖意。

你需要：
- 一个干净的玻璃瓶
- 一小袋海盐
- 新鲜芳香的夏日鲜花（如旋果蚊子草、甘菊、牛至、贯叶连翘、雏菊，你也可以加入玫瑰花、薰衣草或者其他散发香气的花。）

先在瓶中放入薄薄一层海盐，大约一厘米厚，然后铺上一层鲜花，直到海盐被完全覆盖，之后，再加一层盐和一层花。重复这个步骤，直到玻璃瓶被装满。

海盐能延长花朵的存放期。因此几个月后，瓶子中的花朵依然会散发出芳香的味道。

在瓶子上贴一个自制的漂亮标签，再系一个美丽的蝴蝶结，草地花朵沐浴盐就变成一份礼物了，把它送给你喜欢的朋友吧。

使用时，在水中放入大约 5 勺草地花朵沐浴盐，你就会获得一次芬芳怡人的沐浴体验。如果你不太喜欢水里有花瓣漂浮——尽管这样才是最香的——可以把沐浴盐放到一个有网的小袋子或者一只长筒袜里，然后再把它放入水中。

草地芳香醋和油

你一定会喜欢用这种独特的醋和带有特别香气的油制作的沙拉汁的。这两种调料非常适合作为礼物送给父母、亲戚或朋友。

要制作草地芳香醋，你需要：
- 一瓶苹果醋
- 一些草地上的植物：蓍和牛至的花朵，长叶车前或大车前的花序，野胡萝卜的根
- 一个带塞子的漂亮瓶子

把花朵、花序和根清洗干净放入瓶中。把苹果醋倒入锅中加热（不要煮沸），然后用漏斗倒入瓶中。把瓶子塞紧放在阳光能照射到的地方，要不时地来回晃动瓶里的液体。

3周后，草地芳香醋就制作好了。把瓶子里的花朵、花序和根取出来，把醋用纱布过滤，然后借助漏斗倒回热水冲洗过的瓶子里。最后自制一个漂亮的标签，写上所有配料的名字，把标签贴在瓶子上。

要制作草地芳香油，你需要：
- 一瓶橄榄油
- 一些去皮的蒜瓣
- 一些草地上的植物（和制作草地芳香醋使用的植物一样）
- 一个带塞子的漂亮瓶子
- 一个可以密封的大玻璃罐，比如腌黄瓜的罐子

把橄榄油和洗净的蒜瓣、草一起倒入大玻璃罐中，把玻璃罐放到有充足光照的窗台上。3周之后，用细筛子把玻璃罐中的油过滤到碗里，然后用漏斗将油倒入漂亮的瓶子里。最后，自制一个漂亮的标签，写上所有配料的名字，把标签贴在瓶子上。

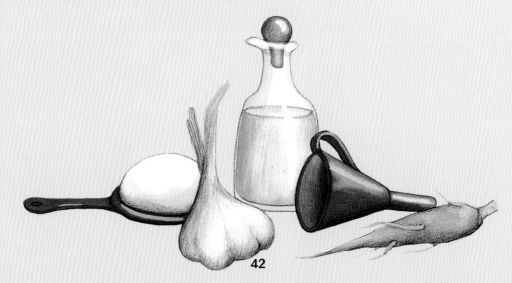

草地什锦调料

去野外散步的时候，看看草地上或者路边有什么植物，搜罗一些你喜欢的带回家，把它们晾晒干。这是一件其乐无穷的事情！但是千万注意，在采集的过程中，不要忘记那些给自然之友的建议（第 10 页）！你还可以用草地上摘到的植物，为自己制作一份草地什锦调料，它会为你的面包、炒蛋、汤、酸奶、沙拉等食物增添别样的风味。

在这本书中，我们已经介绍了一些适合制作调料的植物。在这一页中，我们还给出了一些其他植物的图片，并把所有这些植物可食用的部分列在下边：

北艾：叶；荨麻：叶和花；牛至：叶和花；
羊角芹：叶；欧活血丹：带花的整棵植株；
蓍：嫩叶；洋甘菊：花；野胡萝卜：花和根；
大车前：嫩叶和种子；多蕊地榆：叶

用剪刀小心翼翼地剪下你需要的植物的部位带回家，用细绳把它们扎成一束，然后倒挂在温暖干燥的地方。记住，这些植物一定不能被太阳照射到。

耐心等待植物风干。等你触碰它们的时候，能够听到一些脆响，或者摸起来又干又脆，那就差不多了。

把这些植物的花朵和叶子从茎上摘下来，放入碗中，用手或大木勺把它们碾碎。如果使用研钵研磨，效果会更好。最后把植物碾磨成的粉和海盐混在一起（1 勺海盐配 3 勺植物粉末）。

把制作完成的草地什锦调料放入一个小玻璃瓶中储存。

北艾

羊角芹

多蕊地榆

洋甘菊　　　　欧活血丹

草地笔记

如果你有兴趣把自己在草地上看到、找到、听到、闻到，以及经历的一切记录下来，不妨看看下面的建议。

你可以在不同的日子、不同的时间段去草地上录下各种声音，比如蟋蟀的演唱会、鸟儿的叽叽喳喳、风的呼啸等。

你也可以收集草地上的各种香气：把有香味的植物摘下来带回家风干，碾碎后放入瓶中保存。不要忘记在罐子的标签上写下里面装的是什么植物。

做一本草地笔记吧，在其中
- 记录你的观察
- 描绘各种植物和动物
- 粘贴植物的照片
- 制作植物标本
- 摘录报纸和杂志中提到的草地上动植物的信息

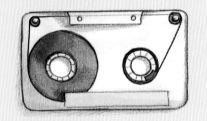

或者，来一次草地植物佳肴品尝大会吧。按照书中的食谱，准备几道菜肴，邀请朋友前来品尝，听听他们的评价。趁此机会，你可以向他们介绍这些从草地上采摘的植物。

也许他们中会有人对这些感兴趣，以后会和你一起去草地进行探索。

草地笔记

索引

草地植物小测验

　　猜猜下面的谜题，答案都藏在这本书里。如果猜不出答案，往前翻一翻，重新看一下前面的内容找找答案。可以和小朋友或者家人一起猜谜，人越多，得到的乐趣就越多！
　　看看下面的谜题，你能猜出几种植物？（去最后面找找答案吧）

　　在一种古老的语言里，我被叫作"国王的道路"。　　○○

　　睡前把我的叶子覆盖在眼睛上，你会做个好梦。　　○

　　如果你来得足够早，可以从我的花朵里吸食到甜甜的花蜜。　　○○○○○

　　我的叶子是熊爪形状的。　　○○

　　我的根香气浓郁，在很久以前，是孩子们喜爱的"口香糖"。　　○○○○

　　蝴蝶超爱我的花。　　○○

　　只有在阳光照射的时候，我才会打开自己小小的白色花朵。　　○○

　　人们认为我有强大的力量；在传说中，我甚至可以驱赶魔鬼。　　○○

我也被叫作"草地皇后"。 ○○○○○

我的叶子非常好辨认，有的叶片像箭一样。 ○○

我是一种野兔和家兔都爱吃的植物。 ○○

我的花朵闻起来有芥末的味道。 ○○○○○

我的茎中空且有节，过去的德国人会用我来酿造啤酒。 ○○

我有一个和我长得很像的兄弟，但是我的叶子更狭长。 ○○○○

人们非常喜爱我，培育出了很多园艺品种。 ○○

用我黄色的花朵可以制成红色的药油。 ○○○○

我的叶子边缘呈齿状。 ○○○

对于绵羊来说，我是能够治愈疾病的草药；对于人类来说，也有同样的用途。 ○

蓟是我的亲戚，我们都开紫色的花。 ○○

我只在夏季白天最长的时候绽放。 ○○○○

谜底

在一种古老的语言里，我被叫作"国王的道路"。（车前）

睡前把我的叶子覆盖在眼睛上，你会做个好梦。（菩）

如果你来得足够早，可以从我的花朵里吸食到甜甜的花蜜。（短柄野芝麻）

我的叶子是熊爪形状的。（独活）

我的根香气浓郁，在很久以前，是孩子们喜爱的"口香糖"。（野胡萝卜）

蝴蝶超爱我的花。（翼蓟）

只有在阳光照射的时候，我才会打开自己小小的白色花朵。（雏菊）

人们认为我有强大的力量；在传说中，我甚至可以驱赶魔鬼。（牛至）

我也被叫作"草地皇后"。（旋果蚊子草）

我的叶子非常好辨认，有的叶片像箭一样。（酸模）

我是一种野兔和家兔都爱吃的植物。（三叶草）

我的花朵闻起来有芥末的味道。（草甸碎米荠）

我的茎中空且有节，过去的德国人会用我来酿造啤酒。（独活）

我有一个和我长得很像的兄弟，但是我的叶子更狭长。（长叶车前）

人们非常喜爱我，培育出了很多园艺品种。（雏菊）

用我黄色的花朵可以制成红色的药油。（贯叶连翘）

我的叶子边缘呈齿状。（蒲公英）

对于绵羊来说，我是能够治愈疾病的草药；对于人类来说，也有同样的用途。（菩）

蓟是我的亲戚，我们都开紫色的花。（翼蓟）

我只在夏季白天最长的时候绽放。（贯叶连翘）